U0213915

小小花束书

用常见花材制作不一样的小花束

[日]小野木彩香 著 [日]千叶万希子 译

中国友谊出版公司

制作

不管是外面采集的，还是在花店选购的花，
将自己精心挑选的鲜花组合起来，制作成小小花束，
虽然简单朴素，却是个人的专属珍藏。
静静地欣赏或是触摸它们——
如同将四季置于手心，再一枝一枝结成花束，
是至高无上的写意享受。

赠送

自己制作的花束可以一人独赏，
也可以作为礼物赠予他人。
不管是庆祝纪念日还是表达谢意，
不妨与礼物一同送出吧。
即使是小小的花束，它朴素又纯真的心意，
定会传递到对方的心中。

装饰

一束小小的花，就能为一成不变的风景增添几分颜色。
装饰花束除了最常见的插瓶外，
还可以进行吊挂、漂浮、干燥、放置等处理，
即便没有花瓶也可以自由地进行陈设。
请享受拥有鲜花、内心富足的生活吧！

开始之前

只要有鲜花，我的心情便会保持愉悦。

如果说得再细一些，

如同花店在搭配花束时，店员会一枝一枝选择最合适的花朵一样，

自己在制作花束时也会根据当时的心情选择不同形状和颜色的花朵。

将它们做成花束，

它在你的眼里无比美丽，同时也被赋予了独特的情感。

希望这本书能够成为你喜欢上花束的契机。

目录

制作

Making a bouquet

野花花束

我们挑选了枝条纤细的野花制作花束。
拥有独特风情的野花，就像是朴素又惜命的人。
用它们制作花束，让它们“同居”在一起，
这份小小的柔情，很适合作为应季的小礼物。

小白菊
蓝盆花
大星芹
落新妇
婆婆纳
金槌花
羽扇豆
荠菜花

花材

◎荠菜花	2 枝	◎大星芹	1 枝
◎蓝盆花	2 枝	◎金槌花	2 枝
◎小白菊	3 枝	◎婆婆纳	1 枝
◎落新妇	1 枝	◎羽扇豆	2 枝

制作方法

01 用左手握住荠菜花茎部。在挑选时应选择茎部较直的荠菜花，可作为花束的参照中轴线。

02 在 01 的基础上添加一枝蓝盆花（圆形花朵），与荠菜花一起拿在手上。

要点

在制作花束之前，先做好花材的准备工作。小白菊和荠菜花需要提前修剪枝叶。手握荠菜花，手持部分以下的分枝可沿着茎部剪断。可以使用双手处理叶子，一只手固定叶子与茎部的分界点，另一只手向下滑动摘除，更易于操作。

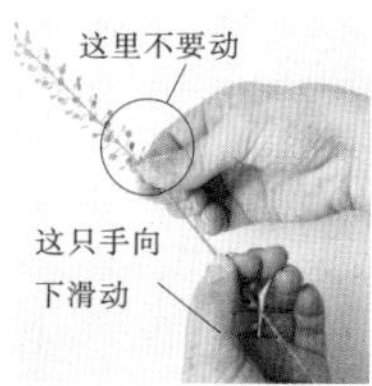

03 接下来添加落新妇（线状的小花材）。添加花材的顺序依次为：圆形花→线状花→圆形花→线状花，这样交替添加，在制作花束时更易达成一体性。

04 只需要左手轻轻握住花茎，依次添加花朵。在添加时可以让花朵朝向任意方向，突出野花的随意性。最后在手握处用绳子固定即可完成。

要点

圆形花指的是花朵的形状呈圆形的花（例如蓝盆花、金槌花等），线状花指的是花朵的形状呈线状的花（例如落新妇、婆婆纳等）。

变化

同样是使用草本花，不同的颜色会呈现出不同的感觉。

01 | 白与绿

白色与绿色的搭配给人清新的印象。这两种颜色是不挑人的经典配色。作为新婚礼品送人，也十分有情调。

花材

◎丁香　　◎黑种草的果实
◎小白菊　◎柔毛羽衣草
◎澳洲米花　◎白鲜状牛至

02 雅致的紫色

铁线莲、风铃草明亮的紫色搭配巧克力秋英的深色。铁线莲的蔓藤使整个花束更加轻盈，添一份草本花的独特风韵。

花材

◎铁线莲
◎风铃草
◎巧克力秋英
◎黑种草的果实
◎铁筷子

一枝独秀

在花束中存在感极强的大朵花，单独欣赏就已经足够美丽，

但搭配不同的花草之后，会有不同的感觉。

这里选择了一枝盛开的芍药，搭配成簇的小花和绿叶。

芍药

沙巴叶
吉莉草
羽扇豆

花材

◎芍药　　　1 枝

◎羽扇豆　　1 枝

◎吉莉草　　3 枝

◎沙巴叶　　1 枝

制作方法

01 摘掉芍药叶子。距离芍药花苞较近的叶子可起到缓冲作用，因此需要保留。

02 手握芍药，添上一枝吉莉草。

技术点 01

增加弧度

握住叶子的一端，另一只手从想要增加弧度的地方用力握住并慢慢向上拉扯。这一步的要领是使用大拇指的根部反复拉扯叶子。

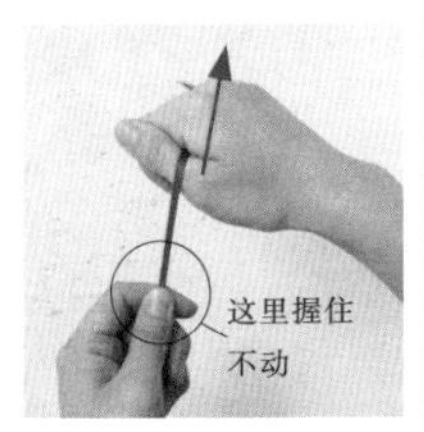

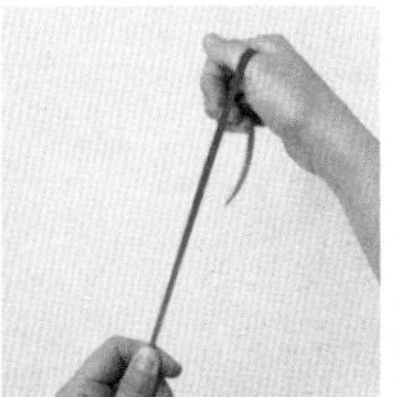

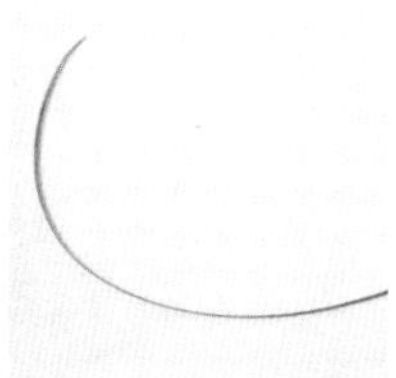

要点

只要在叶材上多费点儿功夫，花束的艺术感将会大大增加！13页的大丽花就是其中一例。沿阶草等叶子细长、坚韧的叶材可随意制作各类造型。右图是定型前的沿阶草。下面我们会介绍两种简单的定型方法。

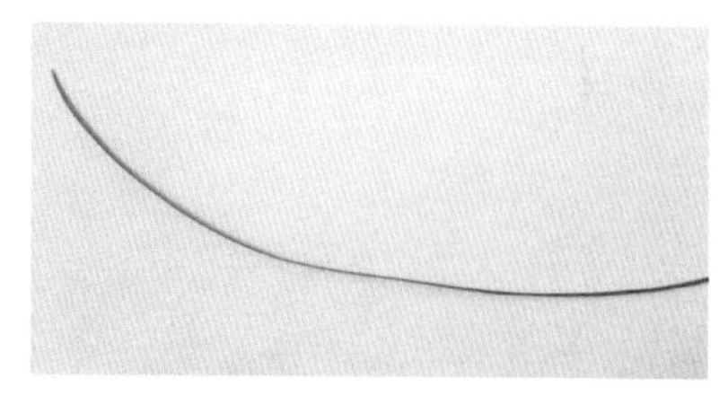

03 继续添加2枝吉莉草。添加吉莉草时可以在高度上做一点变化，增添整体的立体感。

04 以芍药花为中心，添加羽扇豆和沙巴叶。沙巴叶较坚韧，可以起到保护花朵的作用。

技术点 02

卷叶

将沿阶草叶子缠绕在食指上，另一只手握住食指。握住食指是为了提高温度，握住的时间越长，卷度更强。可根据想要的造型来调整时间。

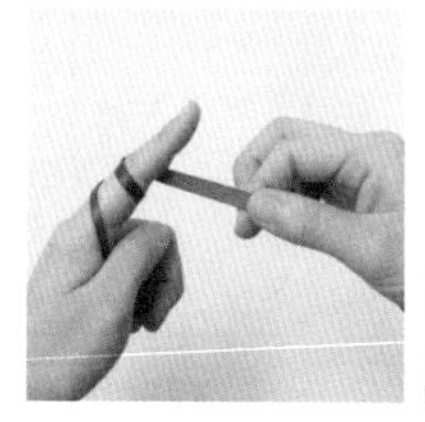

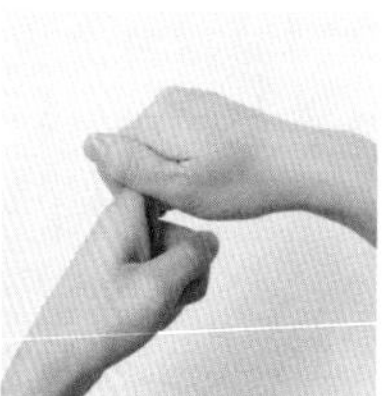

变化

大朵花只添绿叶，即成风景。

01 | 兰花

将高级又优雅的兰花做成花束，会增添几分随意感。肾蕨叶作为大花蕙兰的背景色，使鲜艳的黄色更加明亮。这是一对百看不厌的组合。

花材

◎大花蕙兰

◎肾蕨

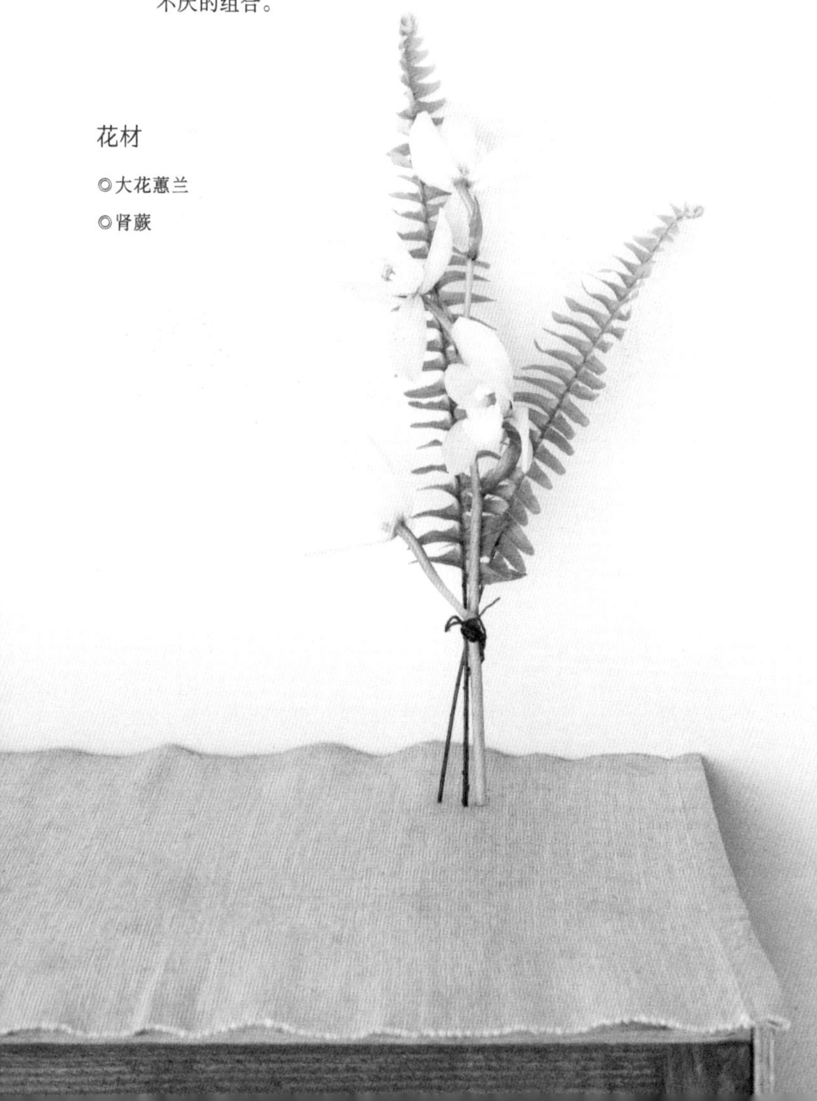

02 | 大丽花

流动感强的沿阶草（增加弧度的方法请参照 10 和 11 页）配上大丽花，使得花束更加生动。将部分沿阶草折成圆圈，与大丽花绑成花束即可。

花材

◎大丽花“黑蝶”

◎沿阶草

混搭

将几种大朵花卉混搭在一起做成的花束，会给人明亮又华丽的印象。我们选择了一年四季都能见到的花：玫瑰、非洲菊、康乃馨和洋桔梗。

玫瑰
非洲菊
康乃馨
洋桔梗

花材

◎康乃馨	1 枝
◎非洲菊	3 枝
◎玫瑰（多头）	1 枝
◎洋桔梗	1 枝

制作方法

01 玫瑰（多头）和洋桔梗提前修剪好备用。

02 首先手握康乃馨，再添枝非洲菊（白色）。非洲菊在这束花中作为主角，要放到最高的位置。

03 非洲菊（粉色）摆在康乃馨和非洲菊（白色）的下面。

04 另一枝非洲菊也同样摆在花束的下方。随后依次添加洋桔梗、玫瑰，使整个花束呈圆形。注意摆放时要让白色的非洲菊在正中间。

要点 01

多头鲜花，指的是一枝花材上有多个花枝、花蕾。有多头玫瑰、多头康乃馨等。

要点 02

在使花束呈圆形时，要注意花的朝向。尤其是非洲菊这类大朵鲜花，如果同高度摆放会产生缝隙，破坏花的形状。因此，在摆放的时候要注意叠加位置，尽量使白色非洲菊位于花束的中心。

同色系花束

五彩斑斓的鲜花，如果有太多选择也会让我们陷入困境，但如果是同色系，就变得简单了。想要从鲜花中获得元气，那就选择维生素色的黄吧！搭配的叶子可以选择明亮的黄绿色。

花毛茛
柔毛羽衣草“罗巴斯塔”
金槌花

花材

◎花毛茛　3 枝

◎金槌花　3 枝

◎柔毛羽衣草“罗巴斯塔”　1 枝

制作方法

01 手握 2 枝柔毛羽衣草。

02 将一枝花毛茛放到柔毛羽衣草的中间。

03 紧接着将剩下的 2 枝花毛茛放进花束中。添加花毛茛时要注意整体感，每枝花不要贴得太近，可以将柔毛羽衣草作为缓冲。

04 最后将金槌花放入花毛茛的中间，调整柔毛羽衣草的细叶，使整个花束呈圆形即可。

要点

柔毛羽衣草在预先处理时，依据花茎的分枝剪成 3 份左右。花束手持部分以下的叶子要全部去除。

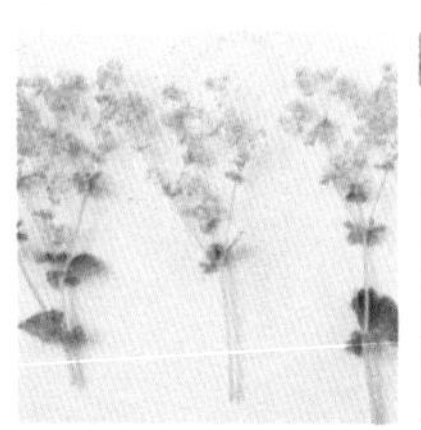

变化

蓝色沉稳，粉色浪漫，颜色不同，花给人的印象也会截然不同。

01 | 蓝色的花束

将淡蓝色和紫色的花做成花束，如同绣球花一样水润有活力。在选择花卉颜色时，可以根据颜色的浓淡做出细微调整，成品就会有立体感和层次感了。

花材

◎蓝星花

◎吉莉草

◎薄荷

◎沙巴叶

02 | 粉色的花束

如果统一使用粉色系的花卉，能够营造出甜美又浪漫的气息。如果全部使用小型花卉，花束整体显得太过简单，可以添加如玫瑰花这样经典的花卉，使整个花束更加有品位，张弛有度。

花材

◎玫瑰　◎狐尾三叶草

◎蓝盆花　◎婆婆纳

◎寒丁子　◎尤加利

同色调花束

无论暗色还是亮色，相同色调花朵放在一起，看起来稳重典雅。
以下介绍的暗色调花束中，将深紫色的绣球作为主角，艳丽的红玫瑰作为配角。
整个花束就会带给人有一点“毒气”的妖艳感。

绣球
玫瑰
蓝盆花
鸟巢蕨
洋桔梗

花材

◎绣球　1枝　◎蓝盆花　2枝

◎玫瑰　1枝　◎洋桔梗　1枝

◎鸟巢蕨　2片

制作方法

01 鸟巢蕨提前进行处理。

02 绣球去除叶子（靠近花朵的叶子要保留），手握绣球并添加玫瑰。

要点

鸟巢蕨是带有独特波浪边的绿色叶材。鸟巢蕨也可以不处理而直接使用，但稍微加工之后，就可以制作出更多有趣的叶形。首先将鸟巢蕨叶子卷起来，用订书器订好。订书针要与叶脉形成十字，会更加牢固。订书器固定好以后，剪去凸出或过长的部分。可以先用剪刀剪一个小口，随后用手撕掉。根据不同的卷法可以制作不同形状的鸟巢蕨叶子。

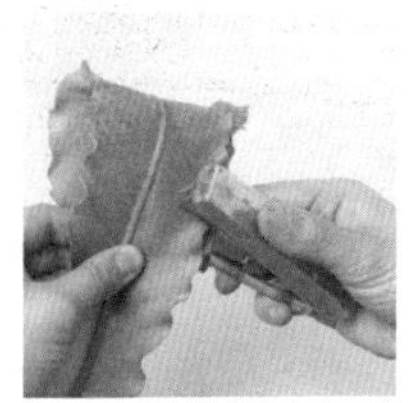

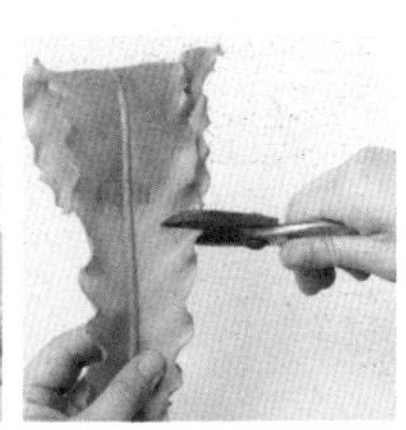

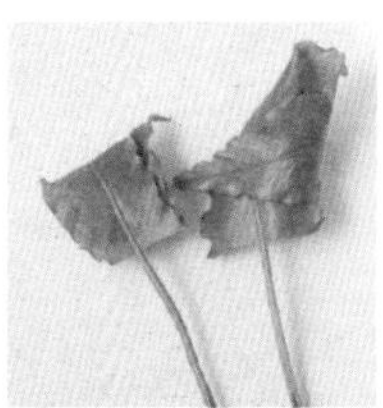

03 根据绣球的形状添加其他的花材。花束从上面看，要以绣球为中心，整体呈圆形。

04 将事先处理好的鸟巢蕨加入花束即可完成。

变化

还可以统一选择浅色系的花材做成花束。浅色系的花束容易让人联想到女性的柔软细腻。只是看着它，就能被它的温柔治愈。适合搭配香料等浅色系的绿叶植物。

花材

◎花毛茛　　◎羽扇豆

◎落新妇　　◎白鲜状牛至

◎蓝盆花　　◎尤加利

花毛茛
蓝盆花
尤加利
落新妇
羽扇豆
白鲜状牛至

花与芬芳

玫瑰“伊芙伯爵”带有浓浓的花香，是经典的玫瑰品种。
“伊芙伯爵”不仅美丽，而且花香出众。
天然的“贵族香水”，本身就是一种奢侈。

玫瑰“伊芙伯爵”

花材

◎玫瑰“伊芙伯爵”　　　　3 枝

制作方法

01 将玫瑰花茎下方的叶子摘除。选一枝花苞向上、花茎笔直的玫瑰作为花束的第一个花材。

02 每枝玫瑰花茎都略带弧度。图中左为较直的，右为弯曲的玫瑰。在选花材时可以根据不同的花茎形状进行甄别和使用。

要点 01

玫瑰花的叶子不要全部摘除，靠近花苞的叶子要保留。留下的叶子在花与花之间可以起到缓冲作用，使花束整体看起来更协调。

03 在 01 的基础上添上稍微带有弧度的玫瑰花。为了体现出立体感，要比 01 放得低一些。

04 将最后一枝玫瑰放在 01 与 03 之间。要注意花与花之间不要出现重叠。

要点 02

豌豆花、丁香、银叶金合欢、薰衣草、晚香玉等浓香花材可以根据季节进行选择，享受不同季节的花束带来的芬芳。

要点 03

优雅馨香的“伊芙伯爵”让整个房间都弥漫着花香，制作花束的过程也充满了幸福感！让人不禁沉醉的愉悦时光。

绿色植物

平时作为配角的绿色植物，今天就让它们当主角吧！
只有绿色的花束看起来清新水嫩，让人愉悦。
如果只使用香料植物制作花束，可以摆放在厨房观赏或使用。

迷迭香
白鲜状牛至
圆叶薄荷
留兰香
薄荷

花材

◎薄荷	2 枝	◎迷迭香	2 枝
◎留兰香	2 枝	◎白鲜状牛至	1 枝
◎圆叶薄荷	2 枝		

制作方法

01 手握一枝迷迭香，用另一只手添加其他香料植物。迷迭香的茎秆相对较硬，方便作为花束的中心轴。

02 尽量避免相同的植物相邻，将不同品种的花材交替添加。

要点 01

首先将一把香料植物握在手中，决定花束的大致尺寸。去除手握部分以下的所有叶子，做好制作花束前的准备。

03 薄荷的茎秆常是弯曲的，制作花束时要将弯曲部分靠向花束的中间部分，这样能让花束整体看起来更协调。

04 绿色调的花束中可以添加一点点其他颜色的花材，看起来更加俏皮有趣。

要点 02

摘除多余的香料叶时，阵阵清香飘散在空气中。在制作花束过程中，逐渐浓郁的香料清香让人陶醉！

变化

绿色植物的寿命较长，可以摆放的时间更久。因此可以只更换花束的主角花。

01 | 自带英气的红花

羽衣甘蓝加上鸟巢蕨、沿阶草，提前绑好，再加上花毛茛就完成了。叶子的绿色作为背景，主角的红色使整体更加鲜艳生动。适合摆放于新潮摩登的空间。

花材

◎花毛茛

◎羽衣甘蓝

◎鸟巢蕨

◎沿阶草

02 | 白色花的自然风情

将主角从红色换成白色就改变了整体的气氛。这束花展现了丁香的纤细柔弱，给人一种朴素自然的感觉。请享受给不同花束“换衣”所带来的乐趣吧。

花材

◎丁香

◎羽衣甘蓝

◎鸟巢蕨

◎沿阶草

拆分多头花

学会合理使用多头花的花材，可以用一枝花制作出多个小型花束。如果想要将相同的花束送给多个朋友，拆分制作花束是最适合的。

洋桔梗
玫瑰
澳洲米花
尤加利

花材

◎洋桔梗　　　1 枝

◎玫瑰（染色）1 枝

◎澳洲米花　　1 枝

◎尤加利　　　1 枝

制作方法

01 先将花茎按照想要的花束长度进行裁剪。长度要尽量相同，这样在制作花束时更加方便。洋桔梗多余的花茎可以作为花束的绿叶使用，如图片这种，可以放置备用。

02 手握洋桔梗，添加尤加利叶。

要点 01

多余的尤加利，就算是一片叶子也可放置保存。洋桔梗的叶子也比较坚硬，可作为花束中的搭配保留下来。玫瑰花等叶子相对柔软，不适合保存。

03 在制作中，如手握的花材较少，可以使用指尖捏住。

04 添加玫瑰花和洋桔梗，将澳洲米花添加在空隙处。最后添加 01 的洋桔梗叶子就完成了。

要点 02

在拆分多头花时需要注意的是如何选择花材。要选择花茎分叉的地方到花头的距离较长的花材。如果过短，放入花瓶后浸入水中的部分会不足。

四束花的花材如右侧所示。
此处采用了不同种类的多头花，每一种为一枝。
前文介绍的就是其中一个花束，使用了相同的花材。
这些可以作为家庭聚会的欢迎花束，
作为送给朋友的伴手礼等，适用于多种场合。

树枝

带有清香的纯白色丁香，是只有在初夏才可以看到的花材。
只使用白丁香可以制作出简洁的六月新娘花束。
微微下垂的绿色枝叶，别有一番风韵。

果实

一粒粒惹人爱的小果实集合起来，与鲜花有着完全不同的气息。
多数的果实可以自然晒干，因此装饰的空间更大、更自由。
深蓝色的地中海荚蒾在晒干后会散发出别样的香味。

花材

◎白色丁香　　1枝

制作方法

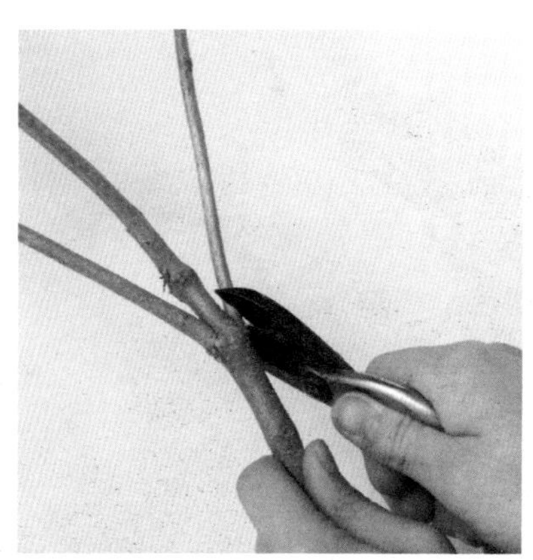

01 在分枝处进行裁剪。树枝比较坚硬，建议使用花艺剪刀。

02 使用分好的花枝制作花束。仔细观察树枝弯曲的角度，将开花的部分贴近绿叶处，进行固定。

要点

在制作花束之前，将树枝根部使用花艺剪刀剪出十字形的切口。这样树枝就可以充分吸收水分，长期保持鲜活。这样的事先处理尤为重要。

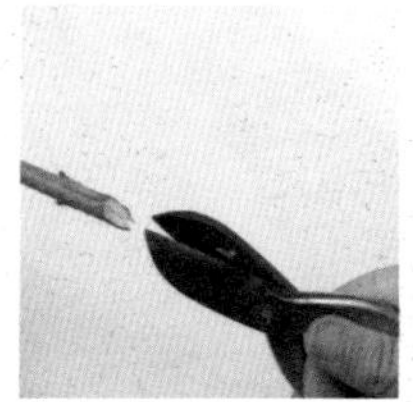

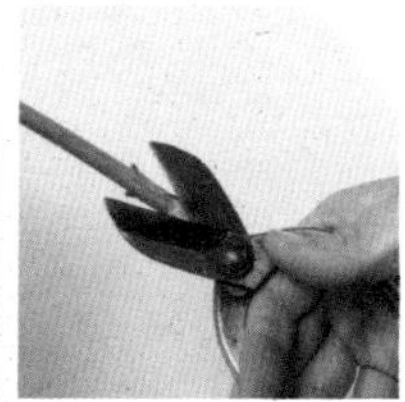

花材

◎地中海荚蒾　1 枝

◎尤加利的果实　1 枝

◎黑种草的果实　3 枝

◎马利筋　2 枝

01 在只保留了果实的尤加利树枝中间添加地中海荚蒾。

02 花束中间加入黑种草的果实和马利筋。稍微调整一下即可。

要点

地中海荚蒾在制作花束前要根据花束大小修剪。摘除捆扎位置以下的果实和叶子。摘下来的果实可以直接用作装饰，也可以用于礼物包装中。

制作干花

选择了几款只需要插在花瓶里便能慢慢变成干花的花材。产自热带的帝王花拥有蓬松迷人的毛绒，请欣赏它随着时间带来的颜色变化吧。

绣球
尤加利
地中海荚蒾
帝王花

花材

◎帝王花　1 枝

◎地中海荚蒾　1 枝

◎绣球　1 枝

◎尤加利　1 枝

制作方法

01 剪掉多余的尤加利叶子。

02 在尤加利基础上添加绣球。

要点

帝王花会随着时间逐渐打开花苞，非常惊艳。除了帝王花，还可以选择木百合，它的形状和质感也独具特色，十分有趣。

03 将地中海荚蒾的果实环绕式添加到绣球周围。

04 添加主角帝王花。置于花束最中间稍微偏下的位置，制造出层次感，更加凸显花材。

绣球、尤加利是制作干花的常用花材。这些花材易做干花，做成干花后花型也比较好看。如果不舍得扔掉喜欢的鲜花，不如尝试做一次干花，也是一种乐趣。将花材倒挂起来，就像是花朵做成的窗帘。请一定尝试用不同的花、叶子和果实来做干花。

干花

轻盈的干花不再需要水分滋养，也不限制摆放位置，用途更多。
需要注意的是干花比较脆弱又容易破损，处理时要格外小心。
极具艺术性的颜色适合日式、西式等多种风格。

绵毛水苏
黄栌
尤加利的果实
肖乳香
百日菊
大星芹
绣球
木百合

花材

◎大星芹	3 枝	◎黄栌	2 枝
◎百日菊	5 枝	◎肖乳香	1 枝
◎绣球	2 枝	◎尤加利的果实	1 个
◎木百合	3 枝	◎棉毛水苏	2 枝

* 以上全部为干花花材。

制作方法

01 将 2 枝绣球花放在一起。可以是同色的绣球花，如果是 2 枝异色绣球效果更佳。

02 绣球在摆放时尽量呈圆形。

要点

很小或很短的花材果实，晒干后可以使用铁丝进行处理。这样就变成了一枝完整的花材。这个方法尤其适合用来处理果实类花材。

03 从体积较大的花材开始添加。按照木百合→百日菊→大星芹的顺序，在绣球的基础上添加以上花材，保持花束整体的圆形。

04 最后将用铁丝处理好的肖乳香、黄栌、尤加利的果实、棉毛水苏插入花束中，即可完成。

先准备好用于鲜花的铁丝（在花卉市场、花卉手工店可购买）。在这里选用 #22 号铁丝，对半折好。在对折处放好材料固定，用另一只手握住铁丝，用铁丝缠绕材料的杆部。缠 2 ~ 3 圈就可以了。铁丝上面使用绿色或咖啡色的花艺胶布缠绕，看起来更加自然。

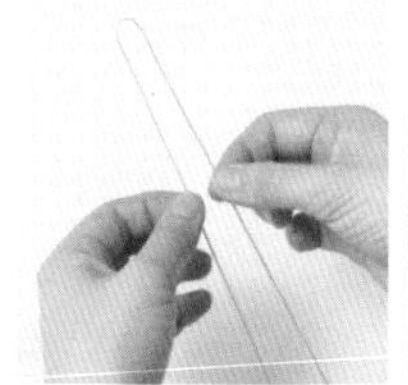

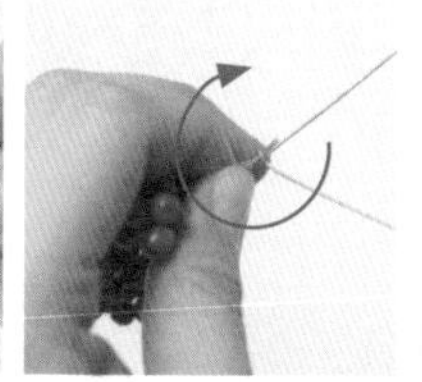

多肉植物

花束采用了超高人气的多肉植物。
像花朵一样的多肉植物“月影”就是花束的主角。
如在花瓶中枯萎，可将多肉植物进行扦插，种植到盆栽中。

花材

◎多肉植物“月影”	1个
◎薄荷	3枝
◎大星芹	1枝
◎金槌花	2枝
◎巧克力秋英	1枝
◎铁线莲	1枝

七星瓢虫

草坪上有个小小的七星瓢虫正在散步。
就像上面所描述的一样，花束表现出了可爱的小情景。
植物配上小虫子，调皮又可爱，是个让人喜爱的组合。

花材

◎石竹“手鞠草”　2枝

糖果

可爱的小花束中放入棒棒糖。
可以将秀色可餐的美味花束作为送给小朋友的礼物，
或者是作为惊喜赠予他人。请享受欢快又幸福的时光吧。

花材

花材	数量	花材	数量
◎千日红	3 枝	◎柔毛羽衣草	1 枝
◎吉莉草	2 枝	◎小白菊	1 枝
◎金槌花	1 枝	◎沿阶草	5 枝
◎蓝星花	1 枝		

制作方法（60 页）

多肉植物要进行处理。01. 使用 #20 号的铁丝，插入植物杆部。（关于铁丝的说明参照 59 页）02. 将铁丝对折。03. 在 02 铁丝的基础上，再插入一根 #20 号的铁丝。第二根铁丝要与 02 呈十字，缠绕绿色的花艺胶布即可完成。剩下就是与其他的花材组成花束。

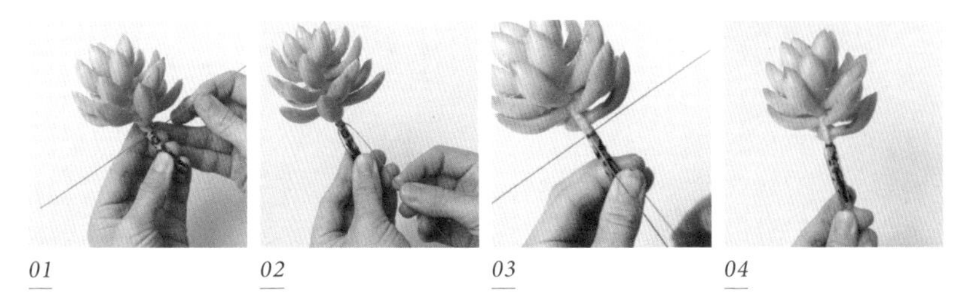

01 *02* *03* *04*

制作方法（61 页）

七星瓢虫是利用图钉做成的装饰品。此处使用胶水进行固定。01. 热熔胶使用胶枪加热固定，速干且黏性好，推荐使用。（这些可在花材店、电器家具店购买）02. 2 枝手鞠草放在一起，使整体花束呈圆形。03. 在七星瓢虫背面的图针冒上涂上加热熔胶。如果担心钉子伤手，可以用热胶水覆盖钉子尖锐处。04. 2 枝手鞠草在固定时可以事先在靠花冠的位置捆绑，这样就不容易摇晃了。

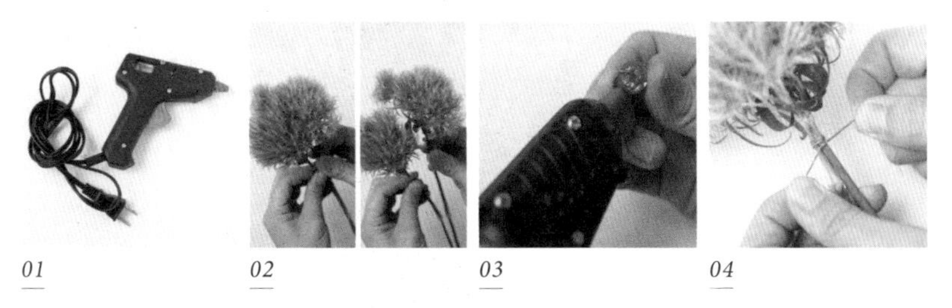

01 *02* *03* *04*

制作方法（62 页）

01. 选择与糖果一样圆形的花材会更加可爱。02. 在棒棒糖上缠绕铁丝（按照 58 ~ 59 页的方法）03. 3 根棒棒糖放在一起，使用花艺胶布紧紧固定。04. 加入其他的花材做成花束。

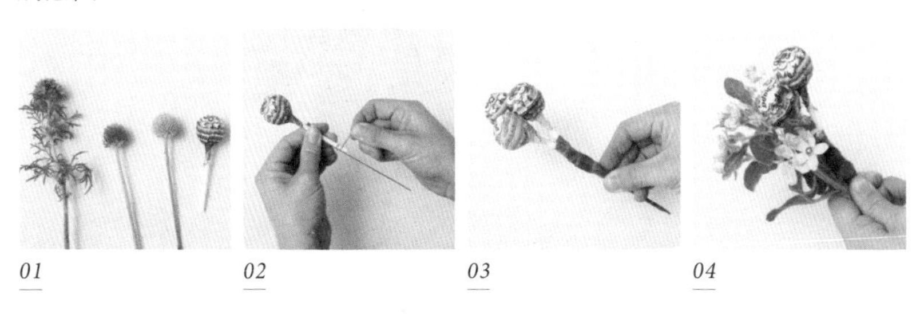

01 *02* *03* *04*

野草

道路两边和公园的野草自由生长，无拘无束。
想必大家都有摘了路边野草回家，发现马上就枯萎的经历。
即使是野草，只要懂得处理就会摇身一变，成为美丽的花束。

各种野草

花材

◎蒲公英（作为主花花材） 2 枝

◎大量野草

制作方法

01 将野草按照笔直的茎秆和弯曲的茎秆进行分类。可多采集弯曲的野草，做成花束会有自然的流动感，生动可爱。

02 首先将几枝笔直的茎秆（野草）放在一起，用一只手握住。

要点 01

左侧的花为使用浸烫法的花材，右侧为没有使用任何保鲜方法的花材。两者的区别一目了然！如使用浸烫法处理花材，即使是野草也可以保持长久新鲜。在采集野草时，要尽量选择茎秆粗的野草，会更加耐久。

03 添加弯曲的茎秆（野草）。在制作花束时，按照笔直的茎秆→弯曲的茎秆→笔直的茎秆→弯曲的茎秆的顺序放好。

04 将花束主角（这里使用的是蒲公英）放入花束中间。在此基础上按照03的方法添加各式各样的野草即可。

要点 02

茎秆较短的野草要放到花束靠前的偏下方，较长的花茎放到花束后方会看起来立体和完整。在捆绑和固定花束时，可以适当给花材之间留些空间，以此表现出野草的自然和空间感。

和花（日式花卉）

充满日式风情的花卉——菊花，在日本作为礼佛之花十分有名。
搭配西洋花卉就增添了摩登的现代风格。
花束可摆放于佛龛或是宠物的灵位旁。

菊
康乃馨
菊（多头）
洋桔梗

花材

◎菊　　1 枝

◎菊（多头）　　1 枝

◎康乃馨　　1 枝

◎洋桔梗　　1 枝

制作方法

01 将多头的菊花和洋桔梗修剪成小枝。每枝的长度在裁剪时要保持一致。叶子也要保留。

02 手握一枝菊花，放入多头菊花。

要点 01

在事先处理时可将花茎修剪的短一些，花束会更加小巧可爱。制作花束时整个花型要呈圆形，并集中在一起，效果更佳。

03 加入洋桔梗，与大朵的菊花保持高度一致。

04 将康乃馨放入菊花和洋桔梗中间，剩下的多头菊花依次加入，多头菊花要散落在花束的各个地方。

要点 02

制作花束的菊花可选择复色或粉色等不常见的颜色。这样就可以减弱菊花作为礼佛之花的刻板印象。

超市里的鲜切花

在超市出售的鲜花，方便又实惠。
也许还是认为超市卖的鲜花种类太单一了。
但只要下一点功夫，这些鲜花就会变得非常好看，宛如重生。

满天星
补血草
一枝黄花
康乃馨

花材

◎一枝黄花　　　　1 枝

◎康乃馨（多头）　1 枝

◎满天星　　　　　1 枝

◎补血草　　　　　1 枝

制作方法

01 花材事先按照花束大小修剪备用。手握一枝黄花的茎秆，放入康乃馨。康乃馨放入时，要几枝贴着放在一起。

02 在 01 的基础上加入补血草。加入补血草时要注意花束形状，尽量使整体完整，没有缝隙。

要点 01

首先将一枝黄花对半剪开。剪开后用手处理多余的叶子，尽量露出茎秆部分。摘下来的小花枝也要留下来备用。

要点 02

满天星、补血草、康乃馨事先在分枝处剪好备用。

03 在花枝间插入分枝出来的一枝黄花。注意一枝黄花的花头不要太突出，高出花束一点点就可以了。

04 满天星在放入时要散开到整个花束中。将剩下的一枝黄花放入即可。

要点 03

如果补血草整体花形过大，可以剪掉最下面的花枝。

要点 04

补血草在放入花束时要依次错落加入，这样使整体更加小巧和协调。

圣诞节

制作应景的节日花束也是一种乐趣。

这是专门为圣诞节而制作的花束。使用了红色和绿色的传统圣诞配色，配上当季的果实，增添些木质的温暖气息。

元旦

认为制作传统的日式元旦装饰实在太麻烦，但又想加点应景的节日元素？
这时，不如使用水引来做个花束吧？！
虽然只是一个小小的花束，也能为新年增添喜庆。

花材

◎玫瑰	1 枝	◎针叶树枝	4 枝
◎菝葜（干花）	1 枝	◎尤加利	1 枝
◎枫树果实（干花）	1 颗		

制作方法

01 枫树果实和菝葜使用铁丝进行处理（参照 58 ~ 59 页）。果实的茎秆较细，因此要选择 #26 号较细的铁丝。

02 手握一枝玫瑰，其他的叶子和果实依次加入。加入时要围绕着玫瑰添加，温柔地包裹玫瑰。

要点

如没有针叶树枝，也可以选择其他常绿树叶，如日本扁柏、日本冷杉等，同样能够展现圣诞节气氛。鲜花可以选择红色玫瑰或非洲菊等，会给人优美可爱的印象。

花材

◎菊　　　　　　1 枝

◎菊（多头）　　1 枝

◎石竹“手鞠草”　1 枝

制作方法

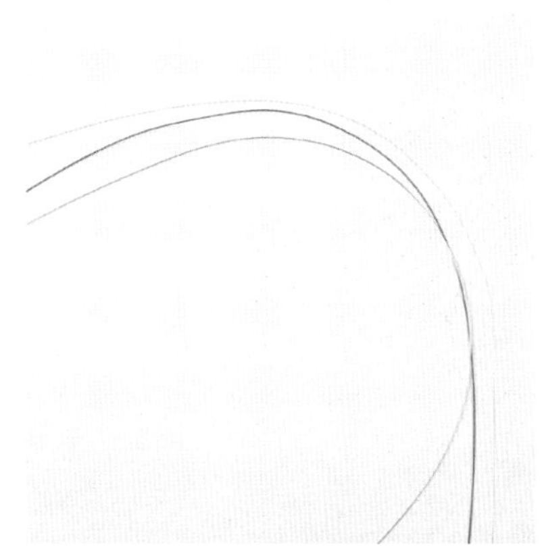

01 准备金、银、红色三色水引[1]。

02 与花束一起手握水引的末端。注意这里是 3 根一起握住。

03 水引要环绕花材上方，与水引的末端成一个圆形。

04 水引末端与花束的茎秆相叠，用绳子捆绑固定即可。

1 水引：源自中国结的日本传统绳结，主要用于红白喜事，作为礼品包装的装饰品。材料为苎麻绳。——译者注

蔬菜

清晨，把自家花园采收的蔬菜分给隔壁邻居。

这时，不妨动手把蔬菜做成花束。

叶菜不耐放，制作好蔬菜花束请尽快送出。

胡萝卜
樱桃萝卜
迷迭香
芦笋
羽衣甘蓝
甜菜

花材

◎迷迭香	1 枝	◎芦笋	2 根
◎樱桃萝卜	1 棵	◎羽衣甘蓝	1 片
◎胡萝卜	1 棵	◎甜菜	3 片

制作方法

01 手握羽衣甘蓝，叠放加入 2 片甜菜叶。

02 在 01 上加入胡萝卜。

要点 01

提前处理羽衣甘蓝时，要将花束固定处以下的叶子去除。

要点 02

迷迭香较长，提前处理时可以分成两枝，将花束固定处以下的叶子去除。

03 接着加入芦笋，芦笋上放入用竹签插好的樱桃萝卜。

04 加入迷迭香挡住竹签的部分即可。

要点 03

没有茎秆的樱桃萝卜可以使用竹签做成花束。插竹签时要尽量插深一点，以免蔬菜脱落。

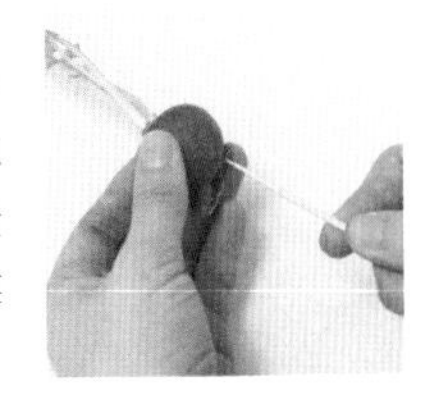

专栏 关于花

我记得曾有一天我的心情极度沮丧，朋友送了我一朵非洲菊。

虽然只是一枝花，但想到或许是一枝专门作为伴手礼买来的花，或许是因为我说过喜欢才选的花，也或许是临时在车站前买来的花，仅仅只是一朵，但从这一枝花中我感受到了多重的温柔和关心。在此之前，我从来没有突然收到过鲜花，那是我第一次被花的魅力所吸引。

幸运的是，我出生长大的福岛县会津地区是日本的鲜花产地。我在这里可以近距离看到鲜花生产的过程，也有机会与生产者交谈。只要细心了解鲜花生长的土壤和环境，就能够享受同一种花卉带来的不同乐趣。

从那次与花的相遇之后，我开始从事与花相关的工作。从始至终没有改变的是“赠予花的快乐，和收到花的喜悦”。我希望自己能够成为“让花卉贴近人们生活”的花艺师。

装饰

Decorating a bouquet

花瓶里

这是最基本的装饰方法。不需要担心花束的造型，直接装饰即可，非常简单。小小的一束花，不会占太大的空间，放在自己喜欢的地方就好。一束热烈的鲜花，空间仿佛都变得明亮起来。

〔装饰花束〕野花花束（2页）

盘子上

鲜花在花瓶中看起来不太新鲜了，不如换一种装饰方法。将鲜花剪短，浮在盛着水的小碟子上。恰好的高度放在餐桌上也不会妨碍用餐，还能为餐桌添光加彩。

〔装饰花束〕一枝独秀（8 页）

抽屉里

时常听到有人说，家里没有地方可以装饰鲜花。其实，家里常见的地方也能成为装饰花束的空间。像这样把抽屉稍微拉出来一点，再搭配上鲜花，就能营造出一种商店橱窗似的时尚感！

〔装饰花束〕同色调花束（24页）

在抽屉里放一个装了水的小瓶子，把鲜花插进去。瓶身较低，从外面是看不到的，所以在选瓶时请选一个能够支撑花朵的吧。

盒子上

可以在放书信和卡片等重要物品的小盒子上装饰花束。只要使用左边抽屉的方法，即使是怕水的纸箱或篮子也可以插上鲜花。选一个自己喜欢的容器，装饰上喜欢的鲜花吧。

〔装饰花束〕同色系花束（18 页）

挂在帘子上

自然凋谢后的花瓣，制作花束剩下的花材，装饰期过后的花束等，风干后用绳子系好可以当作帘子挂起来。作为生活中的装饰或者婚礼上的手工礼物都充满了情调。

〔装饰花束〕剩余花材的利用

将干花的根茎用绳子系在一起。如果只有花苞，也可将几个花苞收集起来系一起。绳子推荐用麻绳质感的粗糙款式，不容易打滑，看起来也非常可爱。

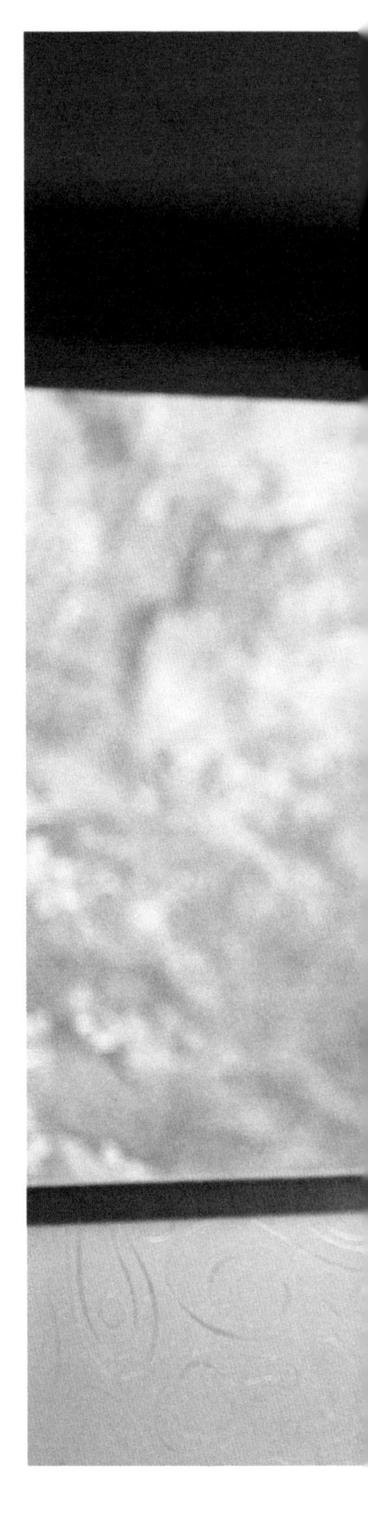

悬挂起来

除了普通的装饰外，像这样悬挂式的容器也是不错的装饰选择。只要有可以悬挂的地方，哪里都可以装饰上鲜花。光线透过窗户照在水和玻璃上，耀眼的光使花和房间都变得明快起来。水不要太多，把花枝轻轻地插在里面。

〔装饰花束〕白与绿（6 页）

墙壁上

这里使用的是传统工艺制成的山葡萄藤剪刀盒。盒子装到墙上成为壁挂式花瓶。盒子内放置了一个玻璃瓶，将花插到瓶中的水里。这样不仅可以装饰柔美的花草，如玫瑰、兰花等，还有各类干花也都是不错的选择。传统和摩登的花材组合都非常好看。

〔装饰花束〕野草（64 页）

各种居家空间

将鲜花剪成几个小段，摆放在家里的各个地方，也是个有趣的装饰方法。使用自己平时喜爱的瓶子，如果酱、饮料空瓶，插上各种各样的鲜花。平淡无奇的场景，也会在一瞬间变得特别。

〔装饰花束〕拆分多头花（40 页）

搭配小杂货

在制作花束的时留下的果实和叶子可以放在小盘子上作为装饰。这里选择了自然干燥后的尤加利和果实摆盘。例如可以布置在玄关放钥匙的小盘子中。

〔装饰植物〕尤加利、肖乳香、地中海荚蒾

瓶子里

这是干花特有的一种装饰方法。准备一个喜欢的玻璃瓶，将干花和叶子放进去。花材可以选用凋谢的花束，经过干燥处理后只取花冠的部分。这个装饰方法的优点在于可放置在家里怕水的地方，像音响、书桌上等。

标本花

将喜欢的花做成标本，能够增加赏玩的乐趣。将花瓣尽可能不重叠地平摊在具有良好吸水性的纸上，比如报纸，再在上面压上重物。把花瓣夹在书本中也是个不错的选择。做好的标本花可以放在相框里用来装饰。

篮子里

如果是鲜花，就插在花瓶里；如果是干花，直接放入篮子里就可以了。在大花篮里随意地摆放花材，给人朴素自然的感觉。放在玄关当迎宾花也很不错。除了花，还可以在篮子里放拖鞋或者杂志等生活常用品。

〔装饰花束〕干花（56页）

做成花环

干燥后也不影响装饰的树叶和枝条可以拿来做花环。鲜花凋谢后，作为搭配的树叶和枝条还可以再利用。选材时，推荐用柔软的、易于弯曲的绿叶植物。

〔装饰花束〕绿色植物（34 页）

制作方法

01

这里选用的是迷迭香。只用迷迭香柔软的部分，先剪去一半，再除去坚硬的部分。

02

将两头削去，再慢慢地用手弯曲。多重复几遍让它有弧度。

03

使用铁丝（这里选用的是# 26 号）将迷迭香两头捆在一起，形成一个圆环。捆的时候铁丝要穿过叶子间的空隙，用叶子将它隐藏起来，这样就看起来更加自然。

专栏

在东京三鹰市大泽的野川边上一栋小型平房中，我和身为景观园艺师的丈夫两人开了一家名为“北中植物商店”的小店。周围环绕着野川公园、武藏野森林公园以及调布机场，这是一个自然丰饶，既有野川流水又有野鸟鸣叫的悠闲之地。

小店的周围聚集着现今已不多见的平房。我本来就对平房情有独钟，被这里的环境所吸引就独自搬了过来。几个月后，我先生也搬了过来。在这场如同命运的邂逅之后，我们发挥各自的专长，将原来的荞麦面餐厅改造翻新。终于，在 2014 年 6 月，北中植物商店开业了。

在商店的庭院里，先生亲手栽培了日本山林里的各种杂木和一年四季的花草。从店内的赏雪窗望出去的景色仿佛置身于山林一样。店里摆放了许多小物，有我们在陶瓷产地游玩时买来的陶器，也有些是向窑户定制的小钵。店里面主要经营的是观叶植物和鲜花，同时也开设花艺课程。

除了来店里购买植物的客人，还有许多人是专程来参观庭院、观赏建筑的，或者只是来附近的小河边散步的。如果每位客人都能在店里稍感轻松，我们也会因此感到幸福。

北中植物商店

物商店

赠送

Giving a bouquet

包装

这里会介绍制作赠予用的花束时的实用窍门和包装方法。

01 | 三角包装法

适合任何花束的常用包装方法。只用一张包装纸也可以，两张的效果会更好。如使用两张包装纸，建议选用两张不同质感且稍微透明的纸张。

剪两张可以绕花束一周半的包装纸。将花束放在包装纸上。花束的中心对着纸的一角。

用包装纸将花束包裹起来。花束在包装前要先做好保水（参照125页）处理。

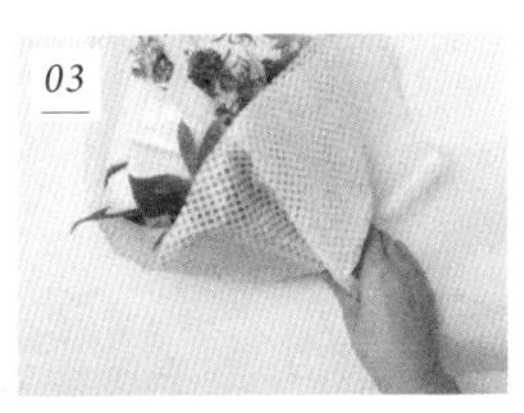

确定花束的绳结处，将包装纸如图中这样握住。

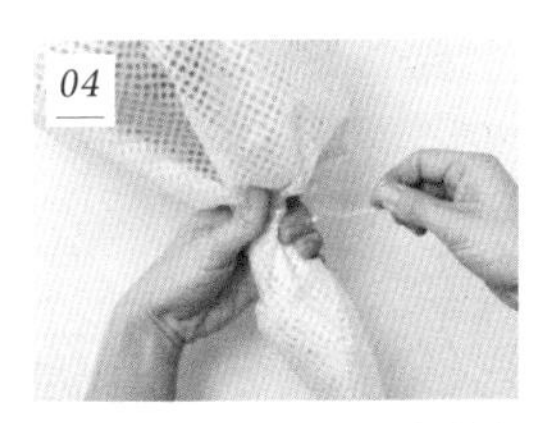

在握住的地方用透明胶带牢牢固定。如果胶布不够牢固，可以用订书针代替。

要将两层纸稍微错开，然后重复02～04的步骤。

内层的包装纸要稍微露出来一些。调整到如图的样子就可以了。

将底下多余出来的包装纸拢在一起，向后折。

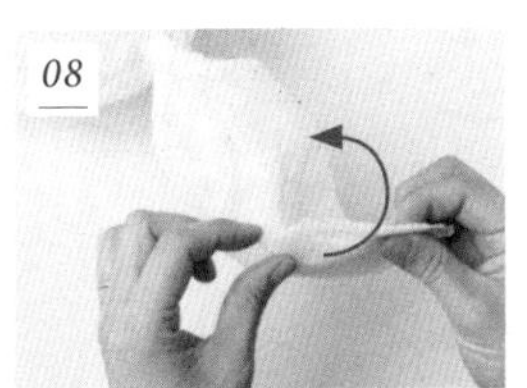

为了隐藏切口，将纸折向里面，用胶布固定。

到这里就是完成到08的状态。下面的步骤是系丝带。

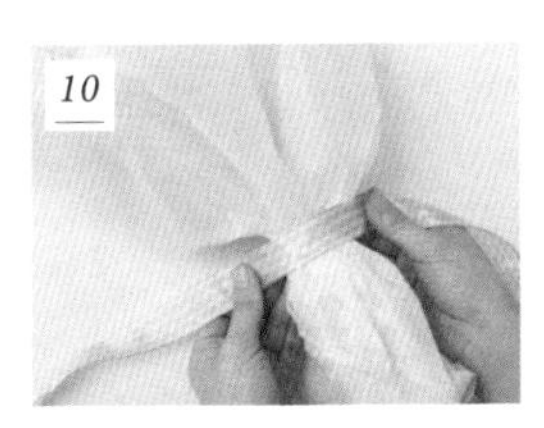

将丝带从面前开始压住并缠绕，环绕一圈后打结。

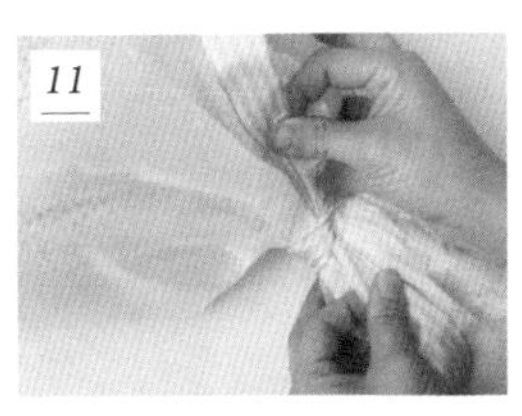

将绳子两头拉紧，固定住绳结。这样就可以牢牢地固定住了。

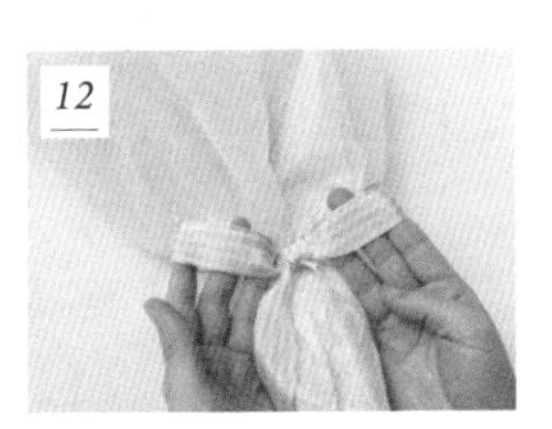

将手指伸入蝴蝶结的两个结环，稍微用力拉伸调节就完成了。如果想要效果好一些，请选择双面印刷的丝带。

02 | 轻盈的包装法

如果想要展现花材本身，可以使用轻盈的包装方法。如果选用的是比较耐久的花材，也可以不用内侧的网格纸。甚至只用一张牛皮纸来包装也没问题。

01

剪一张能环绕花束一周半的网格纸。底部露出来也没关系。花束事先做好保水（参照 125 页）工作。

02

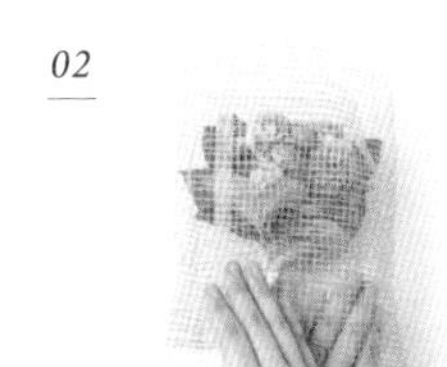

用网格纸包花束。

03

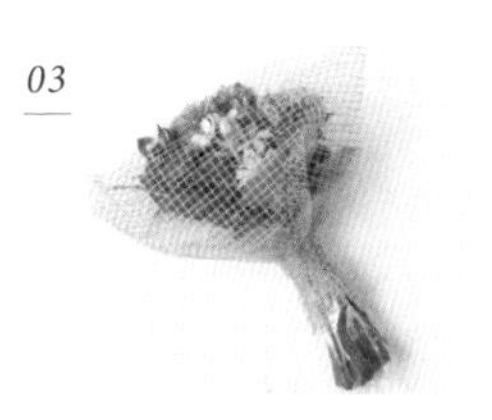

确定花束的绳结处，将网格纸握住，用透明胶带缠绕固定。

04

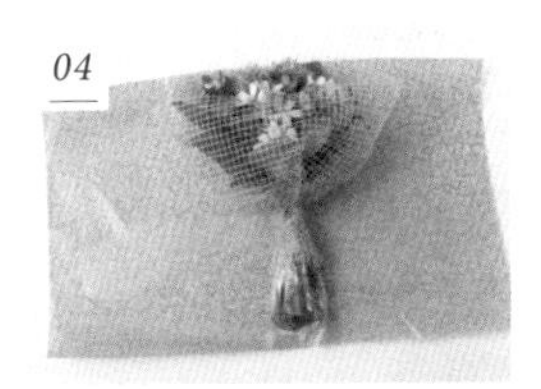

将完成了 03 步骤的花束放在外层包装纸上。外层包装纸的长度稍小于花的一周，高度略大于花束。

05

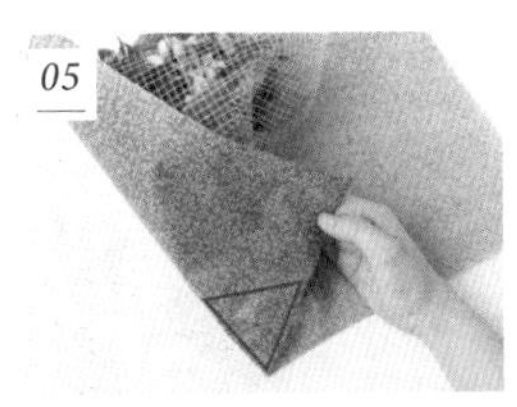

在纸的下部折出一个用于握持的三角形。

06

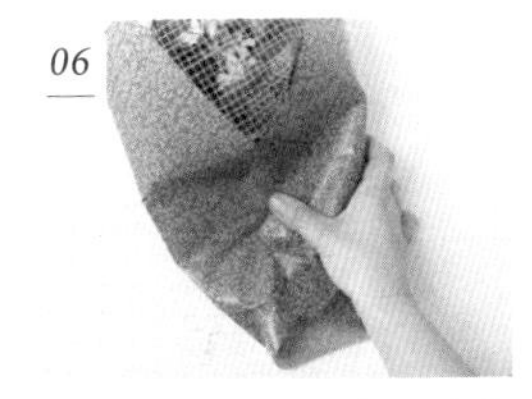

右侧也和 05 一样折好，在花束的绳结处握住包装纸。

07

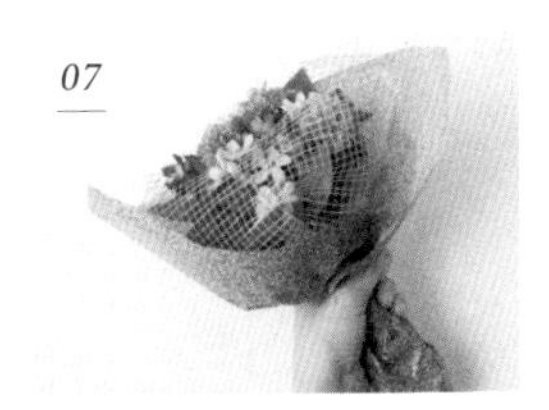

到这里就是 06 完成的状态。

08

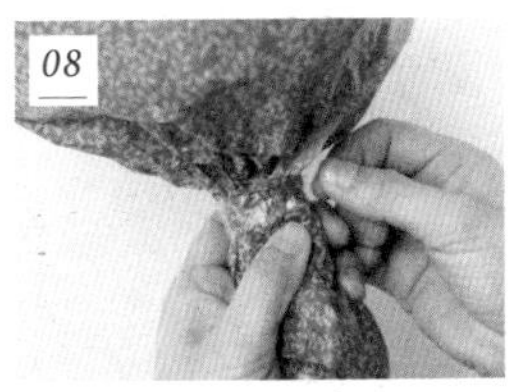

在花束手握处用透明胶带缠绕固定。

09

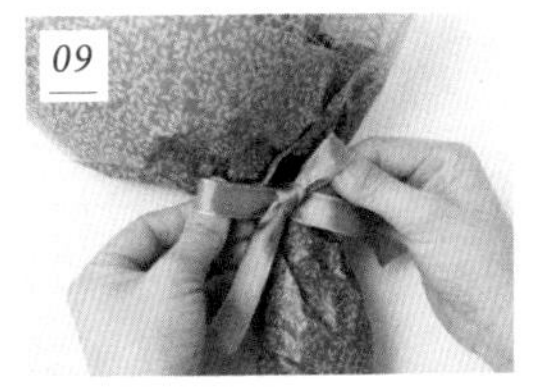

然后按 109 页的方法在上面系上丝带，即可完成。

要点

如果找不到包装纸，可以用杂志（大开本）上剪下来的页面代替。杂志内的风景写真或是色彩单一的页面都很适合用来做包装纸。用便利店买的英文报纸做包装纸也很有情调。

03 | 印花袋包装法

用可爱的印花塑料袋来包装，是一种既简单又美观的包装方法。花束的茎秆处用牛皮纸包裹一下，更能营造出一种休闲、素雅的风格。

选择一个适合花束尺寸的印花袋。

花束做好保水（参照 125 页）处理后，用对折的牛皮纸把茎秆部分覆盖住。

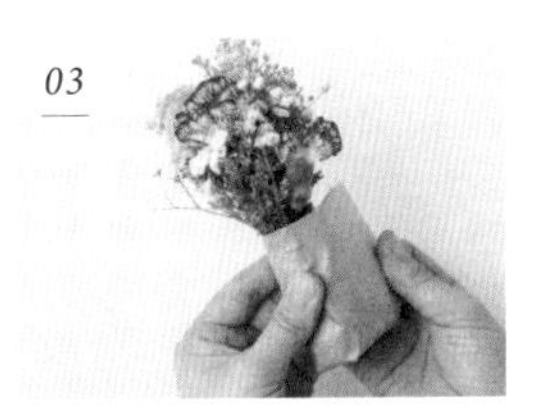

在步骤 02 后，把多余的牛皮纸往后折。

如图，茎秆要用牛皮纸紧紧包裹。

用透明胶带在牛皮纸边缘处缠绕一圈固定。

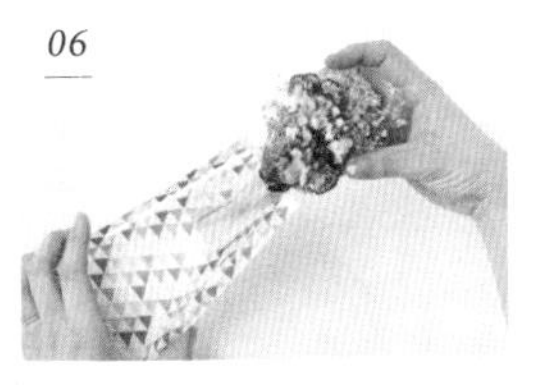

将 05 处理好的花束放入塑料袋中。

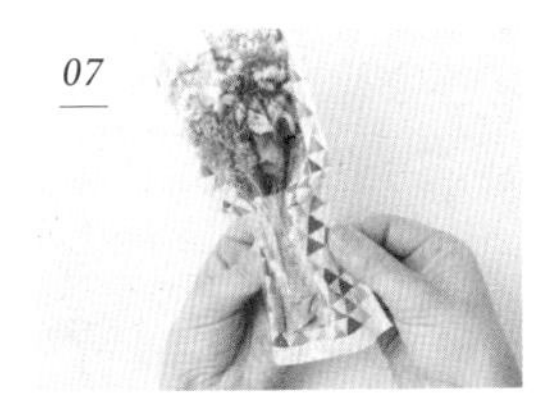

将茎秆位置两侧的袋子重叠折起。

重叠折好的样子。

系上丝带就完成了。

要点

选择质地较硬的袋子，不仅可以牢牢地保护好花束，包装后的效果也更好。推荐选择如上的前面透明、后面印有花纹的塑料袋。这样的包装袋不需要复杂的包装过程，只需要把花装进袋子里，简单又方便。

04 | 手帕包装法

不使用包装纸，而是用手帕的包装方法。手帕既可以当包装，又可以作为礼物。如使用这个方法就不必太专注于包装外形，重在如何呈现出手帕的质地，操作时动作要轻。

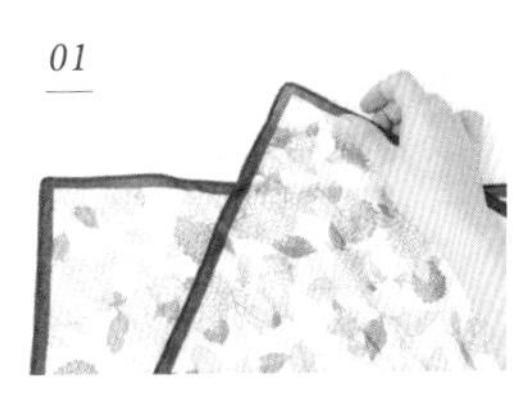

手帕对折成三角形。如图，将手帕的两个角错开。

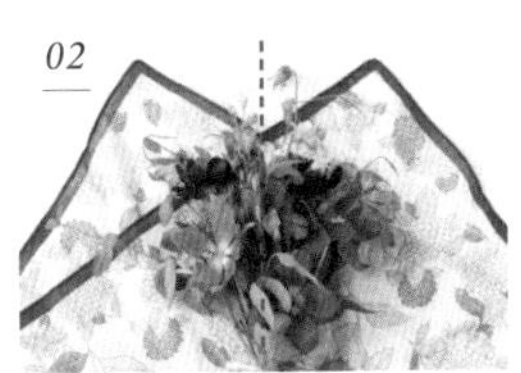

以两个角之间（图中红色虚线的部分）为中轴线，将花束放上去。请事先做好保水处理（参照125页）。

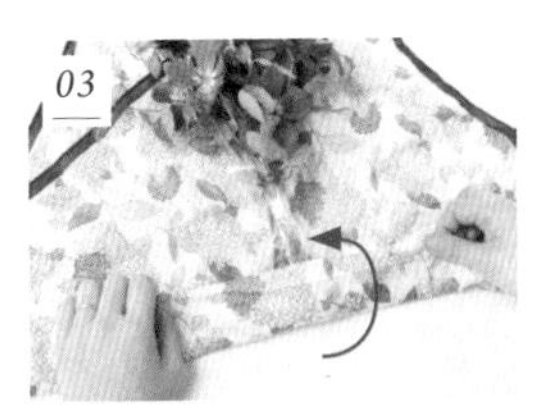

将手帕向上折，稍微盖住茎秆部分（图为5厘米左右）。

将花束左右两边的手帕沿着花束的形状向内折。

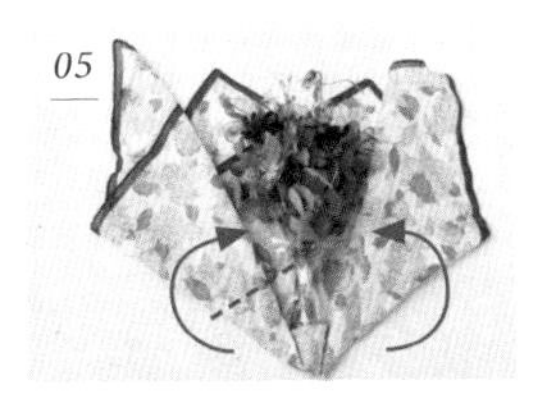

如图，手帕顺着花束左右两边折。

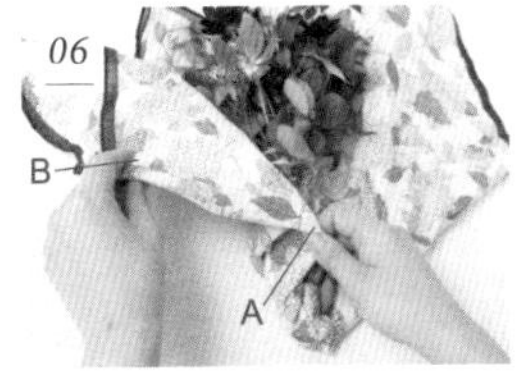

右手捏住花束绳结（05虚线处）处（A），左手拿着手帕的上面部分（B）。

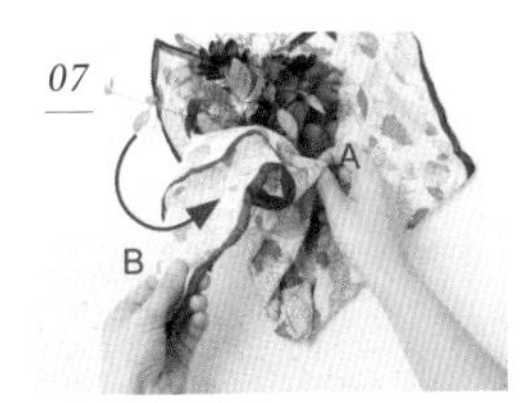

将B点向下弯折，A点保持不动。

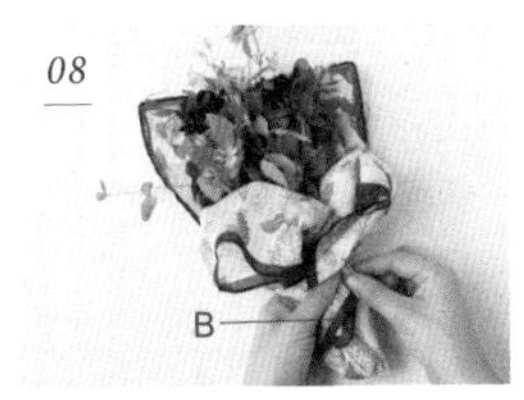

两边都同样向下弯折。将B部分的手帕顶端重合于一点。

将手帕B处重合的部分与花束的茎秆一起用丝带缠绕固定，再系上蝴蝶结就完成了。

要点

要选择适合花束大小的手帕。手帕正反两面的印花深浅最好一致。图上选用了初夏时节常见的铁线莲，搭配上印有绣球花的手帕，呈现出了充满季节感的组合。

搭配各种物品

生日礼物、答谢回礼、转赠、纪念日，
在准备好的礼物中，添上一束小花，更能表达出情谊。

马克杯

这里将简单又好用的马克杯作为生日礼物。在马克杯里放入自然风的绿植，增添格调！想要看起来更加时髦，可再用透明的袋子包装起来。花束做好保水（参照 125 页）处理后，在杯子里也要倒入少量的水。图片中的马克杯是会津庆山烧的陶器。

〔装饰花束〕多肉植物（60 页）

玻璃罐

将从庭院或是花架上采摘的蔬菜捆扎成束，与沙拉酱一起装在玻璃罐中，也是一个赠送友人的好创意。蔬菜要清洗处理到可以直接食用或料理的状态。在蔬菜花束的包装中，不只关注外观，还考虑到了收到花束后的事。只需要下一点功夫，就能变成充满故事性的礼物。

〔装饰花束〕蔬菜（80页）

红酒瓶

收到家庭聚会的邀请后，可以带上葡萄酒作为伴手礼。将缓冲材料、小朵花和花束用丝带捆在瓶身周围，既不会显得过于夸张，包装的花束也可以成为赠礼的一部分。瓶身上的花可以直接取下来放入玻璃杯里，用来装饰桌面，增添聚会的话题！

〔装饰花束〕同色系花束（23 页）

甜点

将花束装饰在糕点礼品盒里，就能够制造更多惊喜和快乐。将糕点放入稍大的盒子里，旁边装饰上一束花。手工制作的糕点用这种方式包装也是非常不错的。一边吃着糕点一边赏花，这将成为下午茶的一道风景。

〔装饰花束〕野花花束（2 页）进行拆分装饰

书本

将书本用纤维绳捆绑好，中间插上一束用英文报纸包好的花束。只要采用可慢慢变成干花的果叶来制作花束，就不需要保水处理了。将花材仔细擦干后包裹起来，就不用担心书本会被水渍弄湿。借来的书本在归还时，为了表达感谢之情，可以用这种方式添上一捆小花束。

〔装饰花束〕果实（47页）

戒指

重要的纪念日，为了传递感情，少不了来一场直接又不做作的演出。选一条结实的茎秆或枝条，用丝带将戒指绑好。收到花束的人，一开始会以为是普通的礼物，仔细一看，戒指就出其不意地出现了。这样的浪漫，说不定会成为以后难忘的回忆！

〔装饰花束〕野花（2页）

挂在包上

时常会听到有人说，收到花束后捧在手上有点辛苦。为了能解决这个苦恼，就有了这样的搭配方法。挂在包上不仅会使走路更加轻松，作为装饰的花束也能让整体看起来更时髦。这是小花束独有的赠送方式。

〔装饰花束〕混搭花束（14 页）

图为花束的内侧。在花束的绳结处配上配件，这样就能使花束作为挂件挂在包上了。花束上的配件可以直接挂在包包的手拎处。图中花束使用了毛毡作为保护。

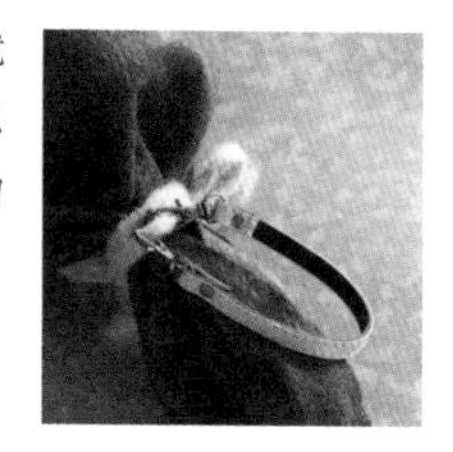

单肩包式

这是将花束做成包包挂在身上的一种包装方式。将透明薄膜做成花束大小的袋子，并加上拎手。这样即使在地铁和公交上也不会影响到周围，袋子里的花看起来很时髦。工具材料都集齐了后，制作起来也非常简单。

〔装饰花束〕绿色植物（38 页）

透明袋子可以用塑封点心袋子的便携式电子热封口机封口。加热可以使材料完全粘合在一起，十分方便。拎手用手工纸和会津木棉做的编绳粘在一起。除此之外，还可将其他手提袋的提把部分剪掉，作为花束包的提把使用。

叶子留言卡

制作花束剩下的叶子可以作为留言卡，包裹花束时放入其中。在叶子上写字时可以用油性笔，也可以用白色的涂改液，写出来的效果清晰又可爱。叶子可选用尤加利、沙巴叶，这类叶子含水量少，质地较硬，能够保存更久，非常适合作为花束的礼卡使用。

花束保水处理

为了避免花束在移动途中因缺水而加快损耗，对鲜切花进行的持续保湿的措施叫“保水处理”。此方法是制作鲜花花束前的必要步骤。如果要送鲜花，请一定做好保水工作，让送出的花束新鲜亮丽。如果选用的花材是可以做成干花的，也可以省略这个步骤。

将厨房用纸（图中使用的是保水专用纸）裁剪成大致是花束的捆绑处以下部分两倍的长度。将花束捆绑处以下部分用厨房用纸卷起来。

用厨房用纸多出的部分折到花束的后侧。

图为折到花束后面的样子。系得太松会不好装袋，要紧紧扎好。

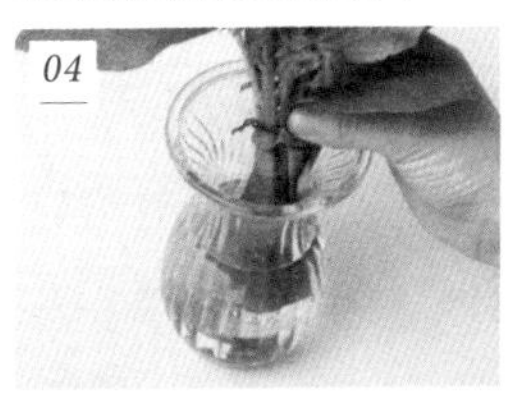

将 03 放入水中。要充分浸泡厨房用纸包裹的部分。

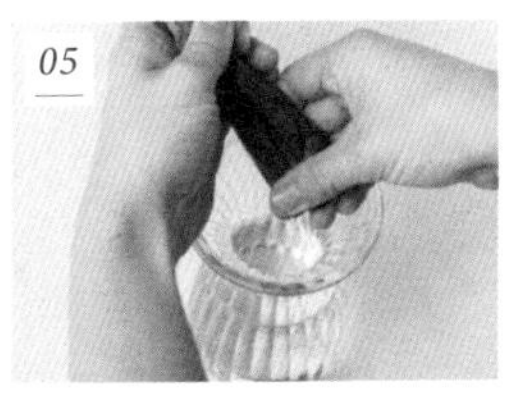

沥干多余水分。在此步骤要注意的是，如果完全沥干会使花束短时间内缺水，因此只要沥干多出来的水分，装进保鲜袋内不要溢出即可。

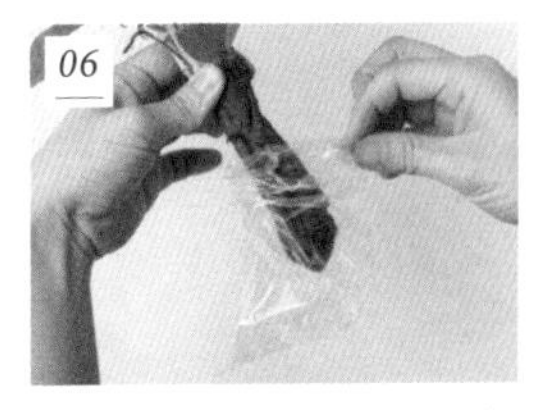

放入保鲜袋中。如果没有保鲜袋，也可以用锡箔纸代替。

使用透明胶带将保鲜袋的封口缠绕一周进行固定。记得在胶带纸的封口留下一些折点，这是为了对方收到花束后可以轻松打开胶带纸。

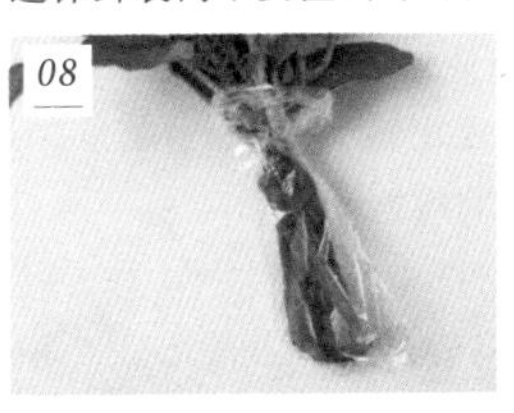

图为固定好的样子。在进行保水处理时要注意防止保鲜袋内的水溢出来。

制作花束之前需要知道的基础知识

花材的事先处理

制作花束时最重要的就是花材的处理。拿到新鲜花材以后，首先要做的是用“浸烫法”进行保水处理。这是为了花材能更好地吸收水分，有没有经过这样的处理，花期的长短可以说是云泥之别。专业的花店还有其他复杂的处理方法，这里介绍的是基础的花材处理方法。除此之外，茎秆除叶和分枝处理也需要在制作花束前完成。

扩大切口法 / 斜切剪茎

使用花卉剪刀将花枝末端斜着剪下，以增大切口，促进花材吸水。要选择较锋利的剪刀，最好是花卉专用剪刀。要注意的是，如果剪刀不够锋利，裁剪时会破坏茎秆的纤维组织，起到反效果。

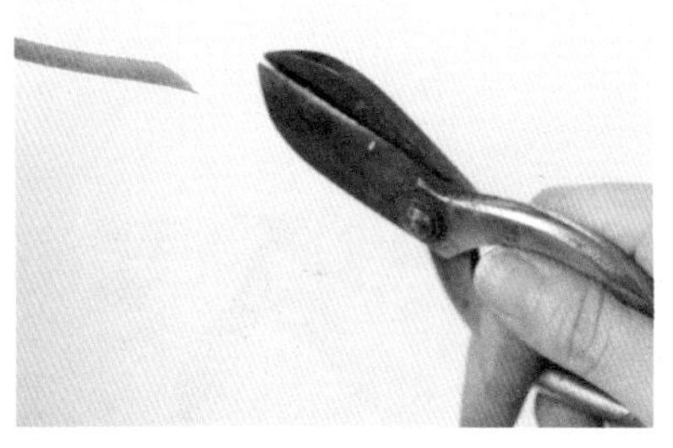

深水切口法 / 深水斜切剪茎

指在水中进行扩大切口法。在水中斜切花枝末端，可以利用水压使水分快速吸进茎秆中。这个保水方法的诀窍是尽量在深水处进行剪切，这样可以吸收更多的水分。浸水处的叶子要记得事先处理，这样操作起来更加方便。

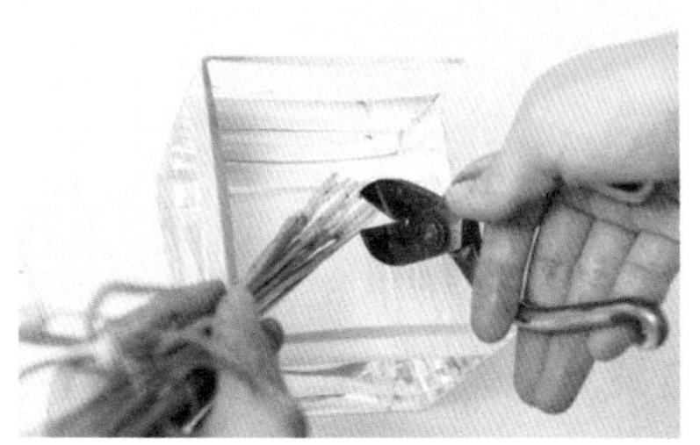

浸泡法

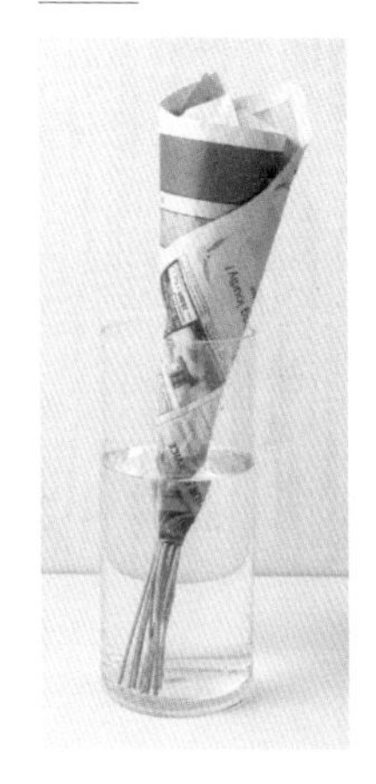

做过以上扩大切口法或深水切口法的鲜花，用报纸将花苞包起来。再放入装满冷水的桶或花瓶中浸泡，使花材喝饱水分。时间约为两小时，放在避开阳光和风吹的地方。经过浸泡法处理的花材会变得非常精神。

浸烫法

指使用沸水进行保水处理。在烧开的热水中，将茎秆浸泡 10 ~ 20 秒，取出后马上进行浸泡法处理。为了不使花苞被水蒸气烫伤，要使用报纸进行保护。这个方法多用于草本花卉，保水效果显著。

茎秆除叶

花束的手持部分（用丝带系花束的位置）以下的叶子要全部摘除。放进花瓶后浸水的部分也需要摘除叶子。如果没有事先处理好叶子，放进花瓶后叶子会迅速腐烂，极大影响花束的状态和效果。因此是非常重要的花材处理程序。

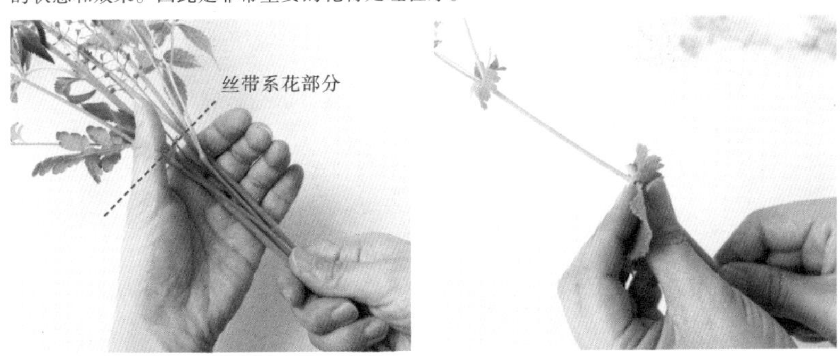

分枝处理

有多头花苞、多个花枝的鲜花，在花材的事先处理中可以进行分枝。分成多个花枝可以极大增加利用率。在处理时，大多会选择在花枝分叉的位置剪掉，如果想要分枝的花保持更长的花期，可留下花材中最粗的茎秆（如图）。请根据不同花束的大小进行分枝处理吧。

花束的基本制作方法

根据不同的鲜花种类会有略微的区别，但使用的方法基本相同。将花材依次添加，花束使用皮筋打结固定，花茎剪修整齐。

花束的基本组合方法

花店的花艺师们制作大花束时使用的是比较复杂的组合技巧。以下介绍的是简化的、制作小花束的方法。选择作为中心轴的花，依次放入其他的花材。

01 作为中心轴的花用非惯用手（右撇子用左手）握住。尽量选择茎秆笔直的花材。

02 以中心轴为基础放入一枝花。

03 在 02 的基础上，依次斜着将花材放入。

04 重复 03 的步骤，依次补充花材。

05 从上面检查整个花束的形状，即可完成。

花束的手持方法

在制作花束时，使用非惯用手（右撇子用左手）来轻轻捏住花材。这时不要用力握住茎秆。推荐使用大拇指和食指轻轻捏住，这样手指就不会施加多余的力量，也就不会伤害茎秆，呈现出的花束会更加松弛自然。

花茎的修剪方法

在花束制作完成后，统一进行茎秆修剪是比较常规的做法。这是为了使花束整体看起来更加美观，基本是按照花束中最短的花茎的长度进行修剪。花茎修剪整齐，放入花瓶时就能够让所有的花茎末端都充分吸收水分。

花束的固定方法

主要使用皮筋和绳子这两种方法固定花束。

使用皮筋固定

这个方法用单手就能固定花束，又省时间，十分便利。

01 在一枝花（如果是草本花，要改为多枝）的茎秆处从下套上皮筋。

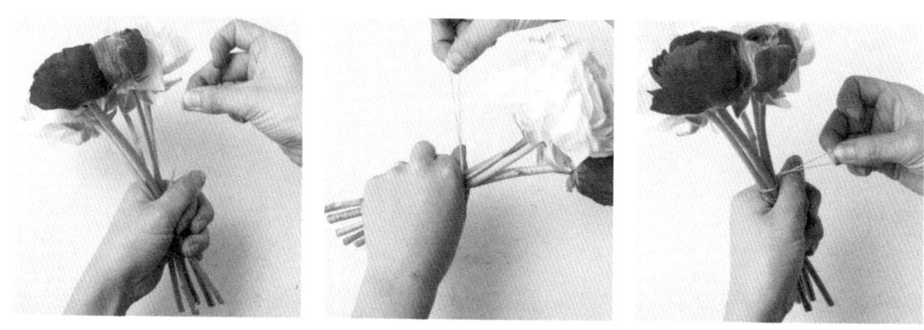

02 拉长皮筋，在大拇指上缠绕 2～3 周。重点是要在大拇指上缠绕，如果在大拇指下直接缠绕在花茎上会破坏花束的整体形状。

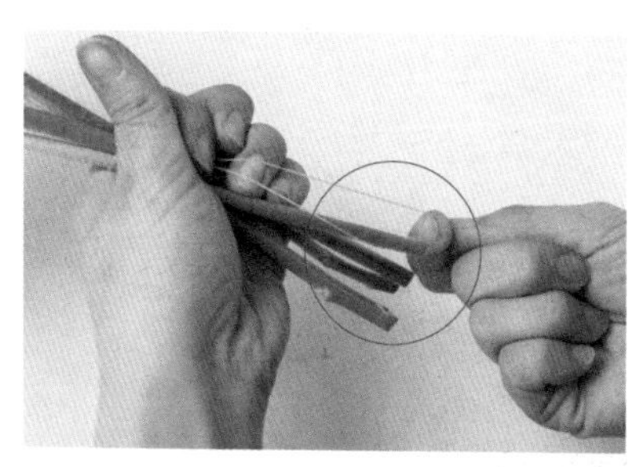

03 将缠绕好的皮筋从一枝花（如果是草本花，要改为多枝）的花茎处从下向上套住，固定。

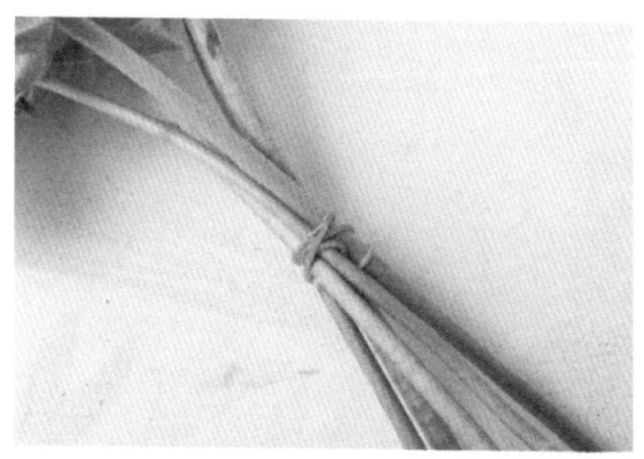

04 图中为固定好的样子。

使用绳子固定

可选用任何材质的绳子进行固定。推荐使用麻绳，制作出来的花束会看起来更加时髦。

01 绳子一端保留 10 厘米左右的长度，用大拇指夹住。

02 保持 01 夹住绳子的状态，将绳子缠绕花茎 2～3 周。

03 拉紧绳子两端，紧紧绑住。

04 放下花束，将绳子系上。要彻底拉紧和固定。

05 系上蝴蝶结即可完成。这样就算看到了花束内的绳子也是可爱的。

写在结尾

花，是不管送出的人还是收到的人，都会感到幸福的事。

为了装饰家里挑选花材，

花一点时间去思考收花人的喜好，

还可以向朋友炫耀一下自己的成果。

希望这本书能够给你带来新的契机，享受与花的美好时光。

图书在版编目（CIP）数据

小小花束书：用常见花材制作不一样的小花束 / (日)小野木彩香著；(日)千叶万希子译．-- 北京：中国友谊出版公司，2020.12

ISBN 978-7-5057-5000-5

Ⅰ．①小… Ⅱ．①小… ②千… Ⅲ．①花束—花卉装饰 Ⅳ．① S688.2 ② J525.1

中国版本图书馆 CIP 数据核字 (2020) 第 177987 号

著作权合同登记号　图字：01-2020-6470

CHIISANA HANATABA NO HON

Originally published in Japan in 2015 by SEIBUNDO SHINKOSHA PUBLISHING CO.,LTD., TOKYO,
Chinese (Simplifie Character Only) translation rights arranged
with SEIBUNDO SHINKOSHA PUBLISHING CO., LTD., TOKYO,
through TOHAN CORPORATION, TOKYO

艺术总监 & 书籍设计师：大杉晋也 Shinya Ohsugi

摄影师：三浦希衣子 Kieko Miura

书籍设计师：铃木美绘 Mie Suzuki (Amber)

特别感谢：heso / Asami Sekita (vinaigrette)

摄影小道具：UTUWA

书名　小小花束书：用常见花材制作不一样的小花束
作者　[日]小野木彩香
译者　[日]千叶万希子
出版　中国友谊出版公司
发行　中国友谊出版公司
经销　新华书店
印刷　天津图文方嘉印刷有限公司
规格　889×1194 毫米　32 开
　　　4.5 印张　21 千字
版次　2020 年 12 月第 1 版
印次　2020 年 12 月第 1 次印刷
书号　ISBN 978-7-5057-5000-5
定价　38.00 元
地址　北京市朝阳区西坝河南里 17 号楼
邮编　100028
电话　（010）64678009